Sitzungsberichte
der Akademie der Wissenschaften
der DDR
Mathematik – Naturwissenschaften – Technik

15 N
1977

Rolf Barthel

Probleme der Verstärkung von Thermoplasten mit Glasfasern

Gottfried Wiedemann

Möglichkeiten des Einsatzes von Glasseide im Textilverbundbau

AKADEMIE-VERLAG · BERLIN

Sitzungsberichte
der Akademie der Wissenschaften
der DDR
Mathematik — Naturwissenschaften — Technik

Jahrgang 1977 · Nr. 15/N

Rolf Barthel

Probleme der Verstärkung von Thermoplasten mit Glasfasern

Gottfried Wiedemann

Möglichkeiten des Einsatzes von Glasseide im Textilverbundbau

AKADEMIE-VERLAG · BERLIN
1977

Vorträge von Prof. Dr. sc. techn. Rolf Barthel
und Prof. Dr. Dr. Gottfried Wiedemann,
Institut für Technologie der Fasern
der Akademie der Wissenschaften der DDR,
gehalten in der gemeinsamen Sitzung
der Klassen Werkstofforschung und Chemie
am 27. Mai 1976

Herausgegeben im Auftrage
des Präsidenten der Akademie
der Wissenschaften der DDR
von Vizepräsident Prof. Dr. Heinrich Scheel

Erschienen im Akademie-Verlag, 108 Berlin, Leipziger Str. 3–4

Lizenznummer: 202 · 100/268/77
Gesamtherstellung: VEB Druckhaus Köthen
Bestellnummer: 762 568 1 (2010/77/15/N) · LSV 1125
Printed in GDR
DDR 7,– M

Rolf Barthel

Probleme der Verstärkung von Thermoplasten mit Glasfasern

Der Beitrag soll den heutigen Entwicklungsstand der glasfaserverstärkten Thermoplaste, ihrer Eigenschaften, Herstellung und Verarbeitung sowie Anwendung kurz umreißen und, davon ausgehend, auf einige Problemstellungen für die weitere wissenschaftlich-technische Bearbeitung hinweisen. Insbesondere wird darauf gezielt, den Grad der Bedeutung verschiedener Problemstellungen für Entwicklungsfortschritte bei diesen relativ jungen Verbundwerkstoffen aus der Sicht des Technologen jeweils abzuwägen und zur Diskussion zu stellen.

Folgende Haupt-Gliederungspunkte werden zugrundegelegt:

1. Aspekte der Verstärkung von Thermoplasten;
2. Änderung der mechanischen Eigenschaften durch die Faserverstärkung;
3. Technologie der Verbundbildung und Verarbeitung;
4. Anwendung aus technischer und ökonomischer Sicht.

1. Aspekte der Verstärkung von Thermoplasten

Die Aspekte der Thermoplastverstärkung mit Fasern sind vielgestaltig; sie betreffen die hiermit speziell erzielbaren Eigenschaftsmodifikationen der Thermoplaste, die Technologien der Herstellung und Verarbeitung sowie die Erweiterung des Anwendungsumfanges von Thermoplasten.

Unter dem Gesichtspunkt der *Eigenschaftsmodifikation* dominiert die Zielstellung, das mechanische Eigenschaftsbild durch Einlagerung hochmoduliger Fasern als Festigkeitsträger in die zumeist relativ niedermodulige Polymermatrix dem der Duroplaste anzunähern und so dem Thermoplast erweiterte Einsatzgebiete als Konstruktionswerkstoff zu erschließen. Die technische und wirtschaftliche Bedeutung dieser Möglichkeit geht daraus hervor, daß die jährlichen Zuwachsraten der verstärkten Thermoplaste in den vergangenen 10 Jahren international etwa 30% betrugen und angenommen wird, daß verstärkte Thermoplaste die verstärkten Duroplaste etwa 1990 mengenmäßig übertreffen werden.

Als prinzipieller Nachteil gegenüber den Duroplasten ist die Kriechneigung auch der verstärkten Thermoplaste bei Langzeitbeanspruchung zu nennen, als prinzipieller Vorteil hingegen die Möglichkeit der Sekundär- und Mehrfachnutzung.

In Abb. 1 sind die wesentlichsten Eigenschaftsveränderungen der Thermoplaste durch Faserverstärkungen zusammengestellt.

Erhöhung bzw. Verbesserung	Senkung bzw. Verschlechterung
Festigkeit	Verarbeitbarkeit
E-Modul	Oberflächengüte
Härte	Transparenz
Wärmeformbeständigkeit	Materialkosten
Kriechneigung	
Wärmedehnzahl	
Schwindung	
Wasseraufnahme	

Erhöhung oder Senkung
Schlagbiegefestigkeit
Kerbschlagbiegefestigkeit
Wärmeleitfähigkeit
Elektrische Kennwerte
Auf Festigkeit bezogene Kosten

Abb. 1 Eigenschaftsveränderungen der Thermoplaste durch Faserverstärkung

Als Verstärkungsfaserstoffe dienen heute fast ausschließlich aus Glasseide hervorgehende Glaskurzfasern, welche international auch zukünftig dominieren werden. Auf die materialökonomisch begründete Zweckmäßigkeit des Einsatzes weiterer Faserstoffe wird noch eingegangen.[1]

Der *technologische* Aspekt der Thermoplastverstärkung beinhaltet in erster Linie die Vorteile der geläufigen *Verarbeitung* des Thermoplastes zum Formteil nach dem Spritzgießverfahren. Dieses arbeitet aufgrund der kurzen Taktzeiten hochproduktiv und nahezu vollautomatisch, ist allerdings von der Formteilgröße her nur begrenzt anwendbar. Durch die Verstärkung des Thermoplastes mit Kurzfasern im Längenbereich zwischen etwa 0,2 und 0,8 mm bleibt die erforderliche Fließfähigkeit des Thermoplastes erhalten. Ein Verarbeitungsvorteil des glasfaserverstärkten Thermoplastes gegenüber dem unverstärkten besteht in der wesentlich verringerten Zyklenzeit beim Spritzgießen, ein Nachteil allerdings in der Forderung nach verschleißgeschützten Arbeitswerkzeugen der Spritzgießmaschine.

[1] Es sei an dieser Stelle darauf hingewiesen, daß Thermoplaste nicht nur mit Fasern verstärkt, sondern auch mit nichtfasrigen Partikeln (Füllstoffen) „gefüllt" werden. Man zielt hier vor allem auf eine Materialkostensenkung sowie Erhöhung des Elastizitäts-Modules ab. Dabei treten in besonderem Maße Probleme der Adhäsion zwischen den Verbundkomponenten auf, und der mit Fasern bereits aufgrund ihrer Gestalt erreichbare Effekt einer Festigkeitserhöhung (s. Abschnitt 2) wird in der Regel nicht erreicht.

Ein weiterer technologischer Gesichtspunkt für die Thermoplastverstärkung ist die im Vergleich zur Duroplastverstärkung relativ einfache *Bildung* des Verbundes aus Faser und Matrix. In einfachster und heute üblicher Weise wird Glasseidenroving, d. h. ein Strang aus quasiendlosen Glasfäden, durch die Schnecke des Mischextruders in die Polymerschmelze eingezogen und die erforderliche Zerkleinerung zur Kurzfaser durch das Schergefälle im Extruder bewirkt. Dieses Verfahren ist in seiner Einfachheit nur mit dem Ziehverfahren für GFP-Profile aus Glasseide und duroplastischen Gießharzen vergleichbar.

Die Technologie der Verbundbildung und -verarbeitung wird bei der Herausstellung von Entwicklungsproblemen etwas eingehender behandelt (Abschn. 3), da sie unter dem Aspekt des Rohstoffeinsatzes, der Verbundeigenschaften und der Ökonomie von besonderer Bedeutung ist.

Anwendungstechnische Gesichtspunkte der verstärkten Thermoplaste werden letztlich von stofflich und technologisch beeinflußten Eigenschafts/Kosten-Relationen für bestimmte Anwendungsfälle geprägt. Hervorzuheben ist, daß im Vergleich zu einer Reihe anderer Verbundwerkstoffe mit dem Charakter von „Sonderwerkstoffen" Fragen der Kosten für Ausgangsstoffe, Verbundbildung und Verarbeitung stärker zu beachten sind, da verstärkte Thermoplaste grundsätzlich Alternativwerkstoffe darstellen und zur Zeit die auf die Festigkeit bezogenen Kosten nicht niedriger als beim unverstärkten Polymer liegen.

2. *Änderung der mechanischen Eigenschaften durch die Faserverstärkung*

2.1. Derzeitiger Entwicklungsstand

International werden heute praktisch alle Thermoplaste auch mit Glasfaserverstärkung angeboten. Die Masseanteile der Faserverstärkung liegen im wesentlichen zwischen 20 und 40%, was Volumenanteilen zwischen 8 und 27% entspricht. Am häufigsten vertreten ist ein Glasfasergehalt von 30%. Hiermit werden folgende Verbesserungen der mechanischen Eigenschaften, ausgedrückt als Steigerungsfaktor gegenüber der unverstärkten Matrix, erreicht:

Zugfestigkeit	etwa 1,5 bis 2
Biegefestigkeit	etwa 1,2 bis 2
E-Modul	etwa 3 bis 4

Aufgrund des Dichteanstieges um 20—25% bei dem genannten Faseranteil liegen die Festigkeitserhöhungen bei massebezogener Betrachtung, welche für die Ökonomie des Werkstoffeinsatzes von Bedeutung ist, entsprechend niedriger.

Eine Übersicht über die bei einigen Thermoplasten quantitativ erreichten Verbesserungen der Zugfestigkeit gibt Bild 2a, in dem die Verbundfestigkeit σ_V über der Matrixfestigkeit σ_M (wegen der Beschriftung um 90° C gedreht) aufgetragen ist (die Zahlenwerte wurden Arbeiten von F. Flemming [1] und H. Höninger [2] entnommen; zum Vergleich sind einige verstärkte Duroplaste sowie Metalle mit einbezogen).

Man erkennt, daß der Variationsbereich der Matrixfestigkeit größer ist (Verhältnis 1 : 8) als der Festigkeitsunterschied zwischen unverstärkter und verstärkter Matrix im Einzelfalle (Verhältnis 1 : 2). Durch die Verstärkung werden bei einigen Thermoplasten, z. B. Polyäthylen (PE), Polypropylen (PP), Polyurethan (PUR), Polystyrol (PS), Acrylnitrilbutadienstyrol (ABS), Werte erreicht, die höherwertige Typen bereits unverstärkt aufweisen, z. B. Polyamid (PA), Polyäthylenterephthalat (PETP), Polyoxymethylen (POM) und Polyphenylenoxyd (PPO).

Die Werte der verstärkten höherwertigen Thermoplaste erreichen wiederum diejenigen anorganischer und organischer Konstruktionswerkstoffe, wie aus dem Vergleich mit Grauguß, Aluminiumguß bzw. glasseidenverstärktem Polyesterharz (GUP) hervorgeht. Zu beachten ist der Unterschied zwischen dem GUP-Laminat und der GUP-Preßmasse, welche wie die Thermoplaste kurzfaserverstärkt ist. Die Zugfestigkeit der Aluminiumknetlegierung wird nicht erreicht.

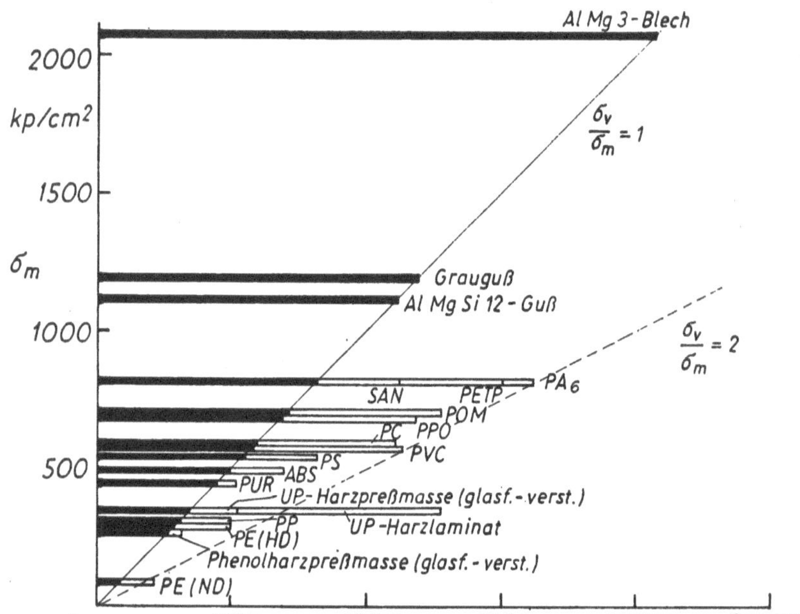

Abb. 2a Zugfestigkeiten einiger unverstärkter und verstärkter Werkstoffe

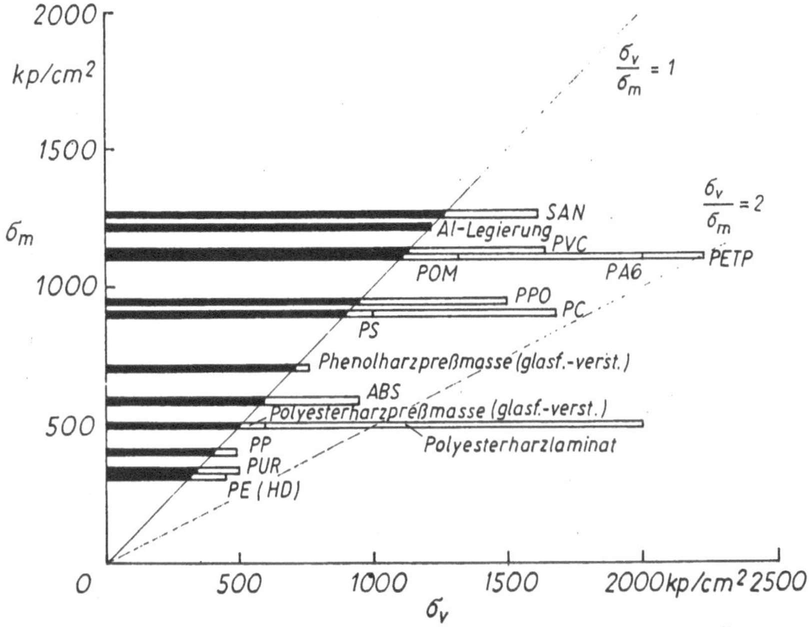

Abb. 2b Biegefestigkeiten einiger unverstärkter und verstärkter Werkstoffe

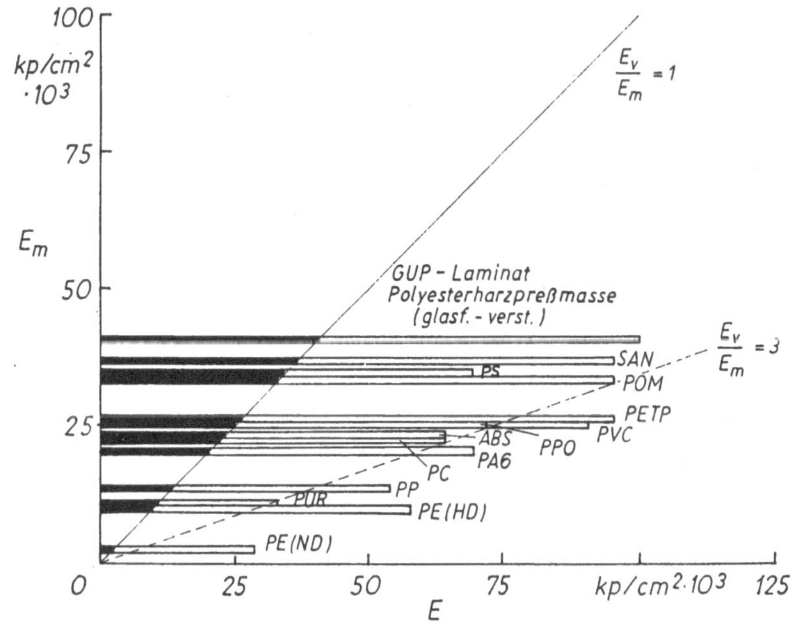

Abb. 2c E-Moduln einiger unverstärkter und verstärkter Werkstoffe

Anders liegen die Verhältnisse bei der Biegefestigkeit (Abb. 2b). Hier wird der Wert für die Aluminiumknetlegierung von mehreren verstärkten Thermoplasten sogar übertroffen. Es sei allerdings darauf hingewiesen, daß der Bruch bei einer wesentlich höheren Deformation erfolgt. Der Elastizitätsmodul der verstärkten Thermoplaste liegt generell niedriger als der von Metallen.

Es fällt auf, daß der Versteifungseffekt durch die Faserverstärkung bei verschiedenen Thermoplasten stark unterschiedlich ist. Die größten Effekte liegen bei den Polyolefinen vor. Die höherwertigen Konstruktionsthermoplaste erreichen durch die Verstärkung die Steifigkeiten verstärkter Duroplaste. Der Mechanismus der Modulerhöhung ist ein anderer als der der Festigkeitserhöhung, und die Werteveränderungen hängen weniger als bei der Festigkeitserhöhung von der Gestalt der Einlagerung (Faser oder Partikel) ab.

Die Modulerhöhung ist oft mit einer Versprödung verbunden, die sich u. a. in verringerten Werten der Schlag- und Kerbschlagbiegefestigkeit der zuvor zähen Thermoplaste (bis zu 1/3) äußert. Ursprünglich spröde Thermoplaste sowie Polystyrol und Styrolacrylnitril werden durch die Fasereinlagerung zäher (bis 4fach).

Auf die Veränderung weiterer mechanischer bzw. physikalischer Eigenschaften wie die Verringerung der Schwindung und Verbesserung der Festigkeit sowie der Dimensionsstabilität unter Dauerbelastung sowie Feuchte- und Wärmeeinwirkung soll nur hingewiesen werden. So ist nach Untersuchungen von H. Höninger zum Beispiel faserverstärktes Polyamid bei einer Temperatur von 100° C fester als unverstärktes bei Raumtemperatur, und die Biegewechselfestigkeit nach 10^7 Lastwechseln steigt durch die Faserverstärkung um den Faktor 2,85 [3].

2.2. Möglichkeiten der Weiterentwicklung, prinzipielle Einflüsse der Verbundkomponenten

Im Vordergrund der Betrachtung soll — wie allgemein üblich — die Zugfestigkeit stehen, auf deren Erhöhung mit der Einlagerung von Fasern in den Thermoplast hauptsächlich abgezielt wird.

Bekanntlich nehmen außer der Matrixfestigkeit die Faserfestigkeit, der Anteil, die Morphologie, die Orientierung und die Haftung der Fasern in der Matrix Einfluß auf die Verbundfestigkeit. Man verwendet zur vereinfachten Berechnung der Verbundfestigkeit in der Regel eine aus dem Dietz-Theorem abgeleitete Modellgleichung:

$$\sigma_V = \eta \cdot \sigma_F \cdot V_F \underbrace{\left(1 - \frac{\sigma_F}{4\,\tau_H \cdot \dfrac{l}{d}}\right)}_{A} + \sigma_M' \cdot V_M$$

Darin bedeuten

σ_V = Verbundfestigkeit
η = Anisotropiefaktor (efficiency)
= 1 für Parallellage der Faser in Belastungsrichtung
= 3/8 für flächig-isotrope Anordnung
= 1/5 für räumlich-isotrope Anordnung nach Krenchel [4]
A = Faserlängenausnutzungsgrad
σ_F = Faserfestigkeit (200—250 kp/mm² für Glasseide)
V_F = Volumenanteil der Faser
(bei 30 M.—% 0,16 in PA und 0,11 in PP)
V_M = Volumenanteil der Matrix
τ_H = Haftfestigkeit zwischen Faser und Matrix
l/d = Schlankheitsgrad der Faser
σ'_M = bei Verbundbruch wirksamer Anteil der Matrixfestigkeit (bei gleichzeitigem Bruch beider Komponenten = Matrixfestigkeit)

Für die sog. „Langfaserverbunde" mit Fasern, welche die gesamte Länge des Prüfkörpers durchlaufen, wird $A = 1$. Für Kurzfaserverbunde, wie sie in den verstärkten Thermoplasten vorliegen, gibt es einen Gültigkeitsbereich für Gl. (1), der durch den sog. „kritischen" Schlankheitsgrad l_c/d nach unten begrenzt ist. Wenn der kritische Schlankheitsgrad bzw. bei konstantem d die sog. kritische Faserlänge l_c nicht erreicht wird, reicht der über Scherspannungen vom Faserende her erfolgende Aufbau einer Zugspannung in der Faser nicht aus, um die Faser mit ihrer Bruchspannung zu belasten; sie reißt also nicht. Die Zusammenhänge sind auf Abb. 3 vereinfacht dargestellt.

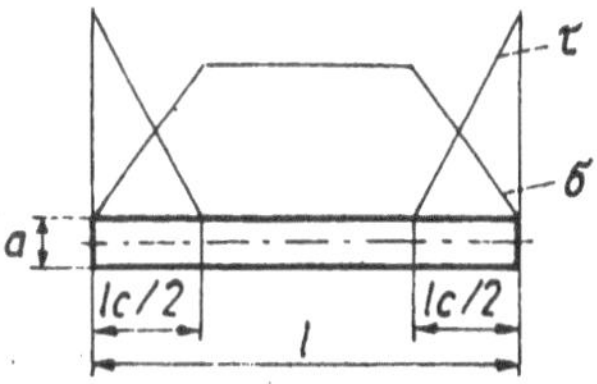

Abb. 3 Spannungsverteilungen über der Faserlänge

Im Grenzfall werden die Fasern der Länge l_c im Verbundkörper durchschnittlich mit der Hälfte ihrer Bruchspannung belastet, der Faserlängenausnutzungsgrad A beträgt demzufolge 0,5;

$$A = 1 - \frac{l_c}{2l} = 0{,}5 \quad \text{für} \quad l = l_c. \tag{2}$$

Aus Gln. (1) und (2) folgt

$$l_c = \frac{\sigma_F \cdot d}{2\,\tau_H} \tag{3}$$

Hieraus geht hervor, daß die kritische Faserlänge bei konstanter Faserfestigkeit nur vom Faserdurchmesser und der Haftfestigkeit abhängt.

Da τ_H nicht größer sein kann (bzw. dann nicht weiter zur Wirkung kommt) als $\tau_M = \sigma_M/2$, indem bei diesem Grenzfall der völligen Haftung der Scherbruch nicht an der Grenzfläche zwischen Faser und Matrix, sondern in der Matrix selbst erfolgt, ergibt sich ein Minimalwert für den kritischen Schlankheitsgrad, der dem Verhältnis σ_F/σ_M entspricht.

Bei völliger Haftung steigen die kritischen Schlankheitsgrade also mit abnehmender Matrixfestigkeit. So ergibt sich zum Beispiel für Polypropylen mit einer Matrixfestigkeit von etwa 300 kp/cm² bei einer Faserfestigkeit von 25 000 kp/cm² (Glasfaser) ein kritischer Schlankheitsgrad von etwa 80, für Polyamid mit einer Matrixfestigkeit von etwa 800 kp/cm² ein Wert von etwa 30, wenn man völlige Haftung voraussetzt.

Mit oberhalb des kritischen Wertes steigendem Schlankheitsgrad steigt der Faserlängenausnutzungsgrad A zuerst rasch, dann langsamer an (Abb. 4). Bereits bei einem gegenüber dem kritischen vierfach höheren Schlankheitsgrad steigt der Faserlängenausnutzungsgrad von 0,5 auf 0,87. In gleicher Weise wirken Haftfestigkeitsverbesserungen bei konstantem Schlankheitsgrad, sofern diesbezüglich ein Defizit vorliegt (s. Gl. (1)).

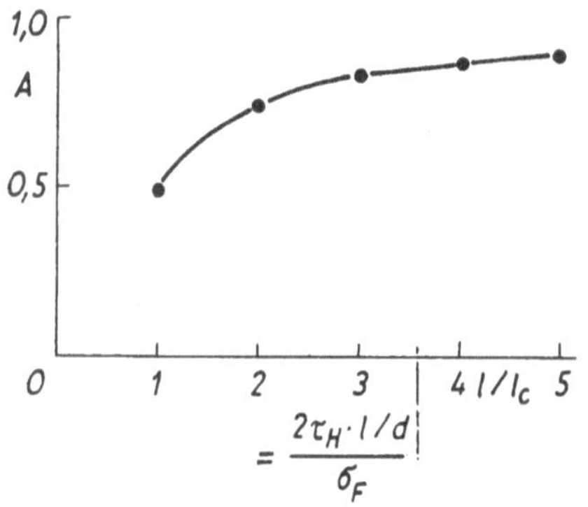

Abb. 4 Faserlängenausnutzungsgrad A in Abhängigkeit von Haftfestigkeit und Schlankheitsgrad

Für den Fall unterkritischer Schlankheitsgrade ist Gl. (1) für die Verbundfestigkeit nicht mehr anwendbar, da hier die Faser beim Verbundbruch nicht mit ihrer Reißfestigkeit belastet wird; es gilt dann

$$\sigma_V = \eta \cdot V_F \cdot \tau \cdot \frac{l}{d} + \sigma'_M \cdot V_M \tag{4}$$

wobei τ entweder die Grenzflächenhaftfestigkeit oder — bei völliger Haftung — die Matrix-Scherfestigkeit bedeutet.

Im Falle unzureichender Haftung wirken sich also bei Fasern mit unterkritischem Schlankheitsgrad Verbesserungen der Haftfestigkeit (und auch des Schlankheitsgrades) stärker auf die Verbundfestigkeit aus als bei überkritisch langen Fasern (vgl. Gln. (1) und (4)).

In diesem Zusammenhang sei auf die Möglichkeit hingewiesen, aus der Länge der aus einer Verbundbruchfläche herausragenden Faserenden auf die Wirkung von Haftvermittlern zu erschließen. Da definitionsgemäß die Länge $l_c/2$ gerade ausreicht, um die Faser über Scherkräfte bis zum Zerreißen belasten zu können, müssen die aus der Bruchfläche herausragenden Faserenden Längen von maximal $l_c/2$ aufweisen. Die rasterelektronenmikroskopischen Aufnahmen auf den Abb. 5a und 5b lassen einen deutlichen Unterschied der Faserlängen zwischen der haftmittelunbehandelten und der behandelten Probe erkennen. Ein orientierend vorgenommener quantitativer Vergleich — die Untersuchungen sind noch nicht abgeschlossen — ergab Übereinstimmung zwischen der im Faserlängenunterschied zum Ausdruck kommenden Haftfestigkeitsverbesserung und der Erhöhung der Zugfestigkeit des Verbundes gemäß Gln. (3) und (4).

a: Fasern nicht haftmittelbehandelt

b: Fasern haftmittelbehandelt (γ-Aminopropyltriäthoxisilan)

Abb. 5 Rasterelektronenmikroskopische Aufnahmen von glasfaserverstärkten Polyamidproben (Vergr. 300)
[Aufnahme: J. Edelmann, Zentralinstitut für Festkörperphysik und Werkstoff-Forschung, Dresden]

Wegen der besonderen Bedeutung der Haftfestigkeit zwischen Faser und Matrix für die Eigenschaften verstärkter Thermoplaste wird der Einfluß von Haftvermittlern seit Beginn der Entwicklung dieser Verbundwerkstoffe intensiv untersucht, und diesbezügliche Arbeiten sind in Anbetracht neu hinzukommender Polymermatrices auch heute nicht als abgeschlossen anzusehen.

In der Regel finden als Haftvermittler die gleichen bifunktionellen Organosiliziumverbindungen (Silane) Verwendung wie bei der Verstärkung von Duroplasten mit Glasfasern. Im Zusammenhang mit der Entwicklung einer glasfaserverstärkten Polyamidspritzgießmasse in der DDR konnten wir in gemeinsamen Arbeiten mit F. Flemming [5] feststellen, daß durch die Silanisierung der Glasfaser — das γ-Aminopropyltriäthoxisilan erwies sich hier als der optimale Haftvermittler — eine Erhöhung der Biegefestigkeit um 50% gegenüber unbehandelten Fasern möglich ist. Noch bedeutender ist die Steigerung der bei erhöhter Temperatur (150° C) geprüften Festigkeit, die hier bis zu 100% beträgt. Eine über die Grenzflächeneigenschaften hinausgehende Beeinflussung der Matrixeigenschaften durch die Organosiliziumverbindung erscheint nach neueren Untersuchungen von J. Gähde [6] und H.-E. Carius [7] hier nicht ausgeschlossen.

Haftvermittler wirken in der Regel hydrophobierend und beeinflussen die Grenzflächeneigenschaften unter Feuchteeinwirkung stärker als im trockenen Zustand. Beim verstärkten Polyamid zeigte sich dieser Effekt darin, daß die Festigkeit des feuchten Werkstoffs mit haftmittelbehandelten Fasern 2- bis 2.5mal so groß war wie beim Einsatz unbehandelter Fasern. Außer dem Haftvermittler üben auch weitere Substanzen, die in der beim Glasseidenspinnprozeß auf den Faden aufgebrachten Schlichte[2] enthalten sind, einen beachtenswerten Einfluß auf die Verbundwerkstoffeigenschaften aus. In erster Linie gilt dies für die als Binder eingesetzten Plast-Dispersionen; so sollen bei Polyamid Polyurethanharzdispersionen zu wesentlich höheren Festigkeiten führen als die üblicherweise eingesetzten Polyvinylazetatdispersionen [8].

Bei der Glasfaserverstärkung von Polypropylen bewirkt man durch den Einbau von matrixbeeinflussenden Substanzen in die Schlichte, z. B. von Peroxiden oder Octachlorcyclopenten [9], Strukturveränderungen im grenzflächennahen Bereich, die zu einer verbesserten Haftvermittlerwirkung und damit Festigkeitserhöhung führen. Daß insbesondere bei den Polyolefinen die Erzielung einer ausreichenden Adhäsionsfestigkeit zwischen Faser und Matrix sehr problematisch ist, geht auch aus einer Arbeit von J. T. Englehardt [10] hervor, der 55 Haftmittelvarianten untersuchte und bei der Verstärkung von Polypropylen mit einem (nicht beschriebenen) Spezialhaftmittel nach Optimierung der Schlichte und des Verbundbildungsprozesses eine Verdreifachung der Ausgangsfestigkeit erreichte (Abb. 6).

Wenn man davon ausgeht, daß bei den „klassischen" Thermoplastverbundwerkstoffen nach langjähriger Entwicklung die Adhäsionsprobleme im wesentlichen als gelöst anzusehen sind, besteht gemäß Gln. (1) und (4) bei gegebenen Festigkeiten

[2] Die Schlichte dient primär als Spinn- und Verarbeitungshilfsmittel für die Glasfäden.

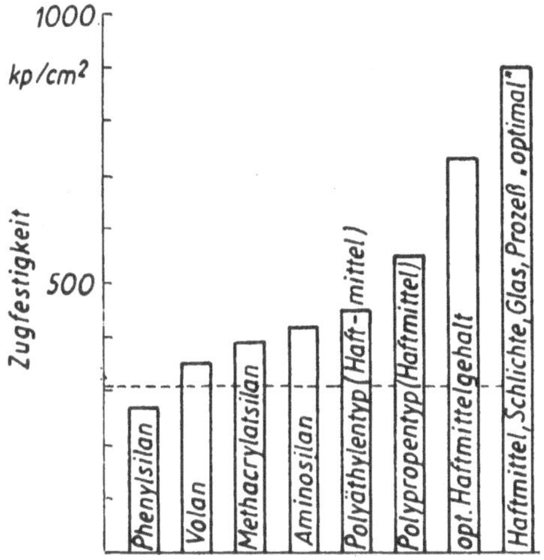

Abb. 6 Zugfestigkeit glasfaserverstärkten Polypropylens in Abhängigkeit von Haftmittel und anderen Einflußgrößen (nach [10])

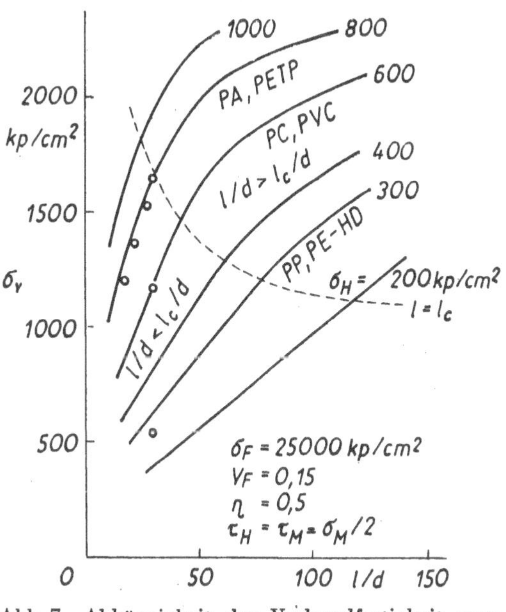

Abb. 7 Abhängigkeit der Verbundfestigkeit vom Schlankheitsgrad bei verschiedenen Matrixfestigkeiten

von Faser und Matrix und konstantem Volumenanteil der Faser nur in der Erhöhung des Schlankheitsgrades der Faser noch eine Möglichkeit zur Festigkeitssteigerung des Verbundwerkstoffes. Der Anisotropiefaktor η ist hauptsächlich von der Verarbeitung des Werkstoffes zum Formteil abhängig und somit nicht werkstoffspezifisch.

Eine Abschätzung der mit steigenden Schlankheitsgraden zu erwartenden Festigkeitserhöhungen ermöglicht das Bild 7.

Die berechneten Kurven basieren auf Werten für σ . V_F und η, die realen Verbundkörpern zugrundeliegen, sowie auf der Annahme einer vollständigen Haftung zwischen Faser und Matrix ($\tau_{//} = \tau_M$). Als Parameter wurden unterschiedliche Matrixfestigkeiten gewählt. Die eingezeichneten Kurvenpunkte entsprechen realen Festigkeitswerten.

Man erkennt, daß bei den in der Regel in verstärkten Thermoplasten anzutreffenden Schlankheitsgraden von etwa 30 (Glasfaserlänge 0,3 mm bei einem Durchmesser von 10 µm) der kritische Schlankheitsgrad lediglich bei hochwertigen Matrices (PA, PETP) etwa erreicht wird. In allen anderen Fällen, insbesondere bei den Polyolefinen, liegen mit dem Wert von 30 stark unterkritische Schlankheitsgrade vor.

Hieraus läßt sich zunächst ableiten, daß die Fasern selbst bei vollständiger Haftung beim Bruch der weniger festen Matrices nicht reißen würden. Außerdem wird eine beachtenswerte Möglichkeit zur Festigkeitserhöhung der verstärkten Thermoplaste aufgezeigt. Eine Verdopplung des Schlankheitsgrades würde hiernach beim verstärkten Polyamid zu einer Festigkeitserhöhung um etwa 40% und beim verstärkten Polypropylen um etwa 75% führen.

Die in verstärkten Thermoplasten anzutreffenden Faserlängen resultieren einerseits aus einem im Prinzip unvermeidbaren — jedoch in Grenzen steuerbaren — Abbau der ursprünglichen Faserlänge während des Compoundierungsprozesses und danach bei der Verarbeitung zum Formteil. Andererseits sind der Faserlänge von der Verarbeitbarkeit im Spritzgießverfahren her auch Grenzen gesetzt, die von der Formteilgröße und -gestaltung abhängen.

Hier dürften sich bearbeitungswürdige Aufgabenstellungen für technologische Grundlagenarbeiten zum Verbundbildungsprozeß und zur Verbundwerkstoffverarbeitung ergeben. In diese wären auch Möglichkeiten zur Modifizierung der Matrix, z. B. durch Polymermischungen und durch weitere Zusätze, welche die Grenzflächeneigenschaften zwischen den Polymerkomponenten beeinflussen, einzubeziehen, um so auf das rheologische Verhalten beim Verbundbildungsprozeß und bei der Verarbeitung sowie auf die Werkstoffeigenschaften zusätzlich einzuwirken.

Abschließend sei zur Frage der Eigenschaftweiterentwicklung der verstärkten Thermoplaste darauf hingewiesen, daß zur Lösung des Problems der Schlankheitsgraderhöhung bei begrenzter Faserlänge noch die Möglichkeit der Verringerung des Faserdurchmessers besteht, von der bislang praktisch nicht Gebrauch gemacht wurde. Hierbei ist der Einsatz von kostengünstig herstellbaren Isolierglasfasern, Mineralfasern, Asbest- und Holzfasern in Betracht zu ziehen, wofür allerdings z. Z.

geeignete Compoundierungstechnologien nicht zur Verfügung stehen. Einige Gedanken zur Technologie der Verbundbildung und Verarbeitung sollen auch unter diesem Aspekt, der letztlich Fragen des Gebrauchswert/Kosten-Verhältnisses der verstärkten Thermoplaste betrifft, im folgenden Abschnitt dargelegt werden.

3. Technologie der Verbundbildung und Verarbeitung

Wie bereits erwähnt wurde, liegen der Verarbeitung der verstärkten Thermoplaste die Vorteile des bei unverstärkten Thermoplasten üblichen Spritzgießverfahrens zugrunde.
Die Verbundbildung erfolgt fast ausnahmslos im Zweischnecken-Mischextruder (Zweiwellenknetscheibenschneckenpresse), wie er auch für die Compoundierung mit Pigmenten und Hilfsstoffen Verwendung findet. Aus dem Prozeß geht das für das Spritzgießen erforderliche Granulat hervor.
Auf Abb. 8a sind einige Varianten der Verbundbildungstechnologie schematisch skizziert.

Variante 1 wird als Ummantelungsverfahren bezeichnet. Es führt zum heute nicht mehr begräuchlichen Langfasergranulat (6 mm).

Variante 2 ist heute üblich. Glasseide wird auf Rovingspulen vorgelegt und vom Extruder unmittelbar eingezogen. Polymer wird entsprechend zudosiert.

Variante 3 beruht auf der Imprägnierung von Glasseide mit Prepolymeren oder Polymerlösungen bzw. -suspensionen, anschließender Polymerisation bzw. Trocknung und Granulierung.

Variante 4 wurde in den letzten Jahren angewendet. Glasseide wird im Cutter auf 6-mm-Längen geschnitten und das Polymer in entsprechender Menge in der Extrudereinzugszone zudosiert.

Variante 5 ist nicht üblich. Sie arbeitet chargenweise mit Vormischungen, ermöglicht genaue Einhaltung des gewünschten Faseranteils ohne Dosiervorrichtungen und vor allem den schon angedeuteten Einsatz kurzer Fasern. Hier ist also die Verwendung quasiendloser Glasseide nicht erforderlich, sondern es können z. B. aus Glasseidenabfällen mechanisch zerkleinerte Fasern oder auch von der Faserherstellung her längenbegrenzte Fasern eingesetzt werden, welche in der Regel erheblich kostengünstiger als quasiendlose Glasseide sind.

Wie aus eigenen Orientierungsversuchen hervorging, bereiten jedoch das Vormischen und das Speisen des Extruders erhebliche Probleme, welche hauptsächlich aus der fehlenden Rieselfähigkeit der meisten Fasern, mehr oder weniger starker Verfilzungsneigung und schwankenden Schüttdichten resultieren.

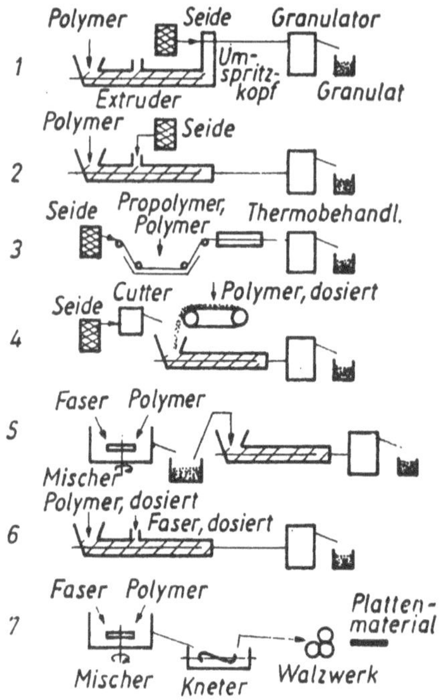

Abb. 8a Verfahren zur Thermoplastverstärkung

Bei der kontinuierlich arbeitenden Variante 6 wird das Vormischen zwar vermieden, jedoch existiert auch hierfür noch keine geeignete maschinelle Einrichtung, welche insbesondere die Speisung und ausreichend genaue Dosierung der Fasern bewerkstelligt.

In Anbetracht der besonderen technischen und ökonomischen Bedeutung einer Erschließung der Einsatzmöglichkeiten unterschiedlicher Fasern für die Verstärkung von Thermoplasten ist in der Lösung der angedeuteten technologischen Probleme eine bedeutsame Aufgabenstellung zu sehen.

Eine gleichfalls interessante Variante ist die auf Abb. 8a unten skizzierte. Sie geht auch von der Vormischung aus und führt durch die Verbundbildung und Formgebung im Walzwerk zu plattenförmigem Material, welches zu großflächigen Teilen nach relativ einfachen Verfahren (z. B. Tiefziehen) verarbeitet werden kann. Besonders hervorzuheben ist, daß Schlankheitsgrad der Faser sowie Größe des Formteiles hier nicht so begrenzt sind wie bei der Spritzgießverarbeitung. So sind höhere Verbundfestigkeiten erzielbar, und durch die Großflächigkeit der Formteile ergeben sich erweiterte Einsatzgebiete für die verstärkten Thermoplaste. Aufgrund der innerhalb der Fläche im Gegensatz zu Spritzgießteilen fehlenden Ungleichmäßigkeiten der Faserorientierung fehlt die Hauptursache für Schwindungsverzüge der Formteile. Das Verfahren unterliegt allerdings wegen thermooxidativer Einflüsse und auch aus rheologischen Gründen Einschränkungen bezüglich der anwendbaren Matrixpolymeren.

Weitere denkbare Verfahrensvarianten zur Verbundbildung, welche gleichfalls nicht die mit hohem Kostenaufwand verbundene Herstellung quasiendloser Glasseide erfordern, sind auf Abb. 8 b skizziert. Bei der Variante 1 ist der Spinnprozeß unter Zwischenschaltung einer Mühle zum Zerkleinern des Faserstranges mit dem Verbundbildungsprozeß gekoppelt. Einerseits führt der kontinuierliche — nicht durch die Herstellung einzelner Spulen unterbrochene — Prozeßablauf bei der Fadenherstellung zu einer beachtlichen Erhöhung des Spinnwirkungsgrades und damit Senkung der Faserkosten. Andererseits ergibt sich eine kontinuierliche Speisung des Mischextruders.

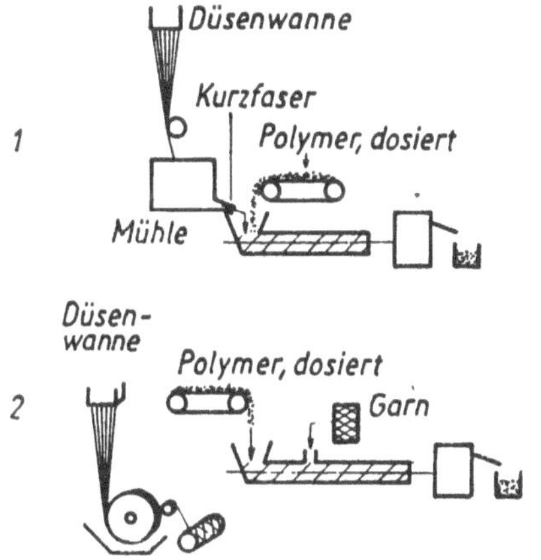

Abb. 8b Mit der Faserherstellung kombinierte Verfahren zur Thermoplastverstärkung

Die zweite Variante nutzt das produktionsübliche Verfahren zur kontinuierlichen Herstellung eines Garnes aus Glasfasern („Angoraverfahren"), welches wesentlich kostengünstiger als das Verfahren zur Herstellung quasiendloser Glasseide arbeitet. Der Verbundbildungsprozeß wird dann in analoger Weise wie bei der Verwendung quasiendloser Glasseide betrieben, indem dem Extruder anstelle der Rovingspulen Fasergarnspulen vorgelegt werden.

Abschließend ist zur Problematik der Verbundbildung und Verarbeitung der verstärkten Thermoplaste herauszustellen, daß nicht nur in der Neugestaltung von Prozessen im Hinblick auf den Einsatz technisch-ökonomisch günstiger Ausgangsstoffe — bis hin zu Abfall- und Sekundärprodukten der Faser- und der Plastindustrie — sehr bedeutsame Aufgabenstellungen bestehen, sondern auch wissenschaftliche Grundlagen für die technologische Beherrschung der Prozesse zu erarbeiten sind. Dabei spielen in komplexer Weise physikalische Fragen im

Zusammenhang mit der Gestaltung der Extrudergeometrie und der optimalen thermischen Prozeßführung im Hinblick auf Compoundierungseffekt und Prozeßstabilität, aber auch chemische Probleme beim gezielten Einsatz von Hilfsstoffen, welche das rheologische Verhalten, den thermischen Abbau und die Ausbildung der Grenzflächenhaftung zwischen den Verbundkomponenten beeinflussen, eine Rolle. Technologisch bedingte Eigenschaftsschwankungen der Verbundwerkstoffe zeigen heute auf Grund des Mangels an grundlegenden Kenntnissen mitunter noch ein unvertretbares Ausmaß.

4. *Anwendungen aus technischer und ökonomischer Sicht*

Die vielfältigen Anwendungen der verstärkten Thermoplaste leiten sich aus den durch die Fasereinlagerung bewirkten Eigenschaftsverbesserungen ab, auf die im Abschnitt 2 eingegangen wurde. Hauptsächlich werden die erhöhte massebezogene Festigkeit sowie Steifigkeit, welche für eigenmassebelastete Bauteile von Bedeutung sind, genutzt; ferner ist für viele Anwendungsfälle die wesentlich verbesserte Festigkeit bei erhöhter Temperatur sowie nach Langzeitbelastung von Bedeutung. Auf die Vielzahl praktischer Anwendungen weist die Übersicht in Abb. 9 anhand von Beispielen hin.

Wood [11] stellte anhand von über 100 Anwendungsfällen glasfaserverstärkter Thermoplaste in den USA fest, daß 1975 bei einer Jahresproduktion von etwa 100 kt/a zu 60% Massenplaste wie PS, SAN, PP und zu 40% höherwertige Thermoplaste (PA, PETP) glasfaserverstärkt eingesetzt wurden; an der Spitze stand das glasfaserverstärkte Polypropylen. Im Vergleich hierzu ist die Situation in der DDR als stark unterentwickelt zu bezeichnen, indem z. Z. nur etwa 600 t/a glasfaserverstärktes Polyamid hergestellt werden.

Auf eine beachtenswerte Problematik sei in diesem Zusammenhang hingewiesen: Das Kostenverhältnis von verstärktem zu unverstärktem Thermoplast ist etwas größer als der in der Eigenschaftsverbesserung zum Audruck kommende Verstärkungseffekt. Die Kosten für ein Bauteil mit einem bestimmten absoluten Festigkeitswert liegen also beim Einsatz verstärkter Thermoplaste höher als bei der Verwendung unverstärkter, so daß die Einsatzfälle primär technisch begründet sind. Darüber hinaus ist jedoch ein Einsatz verstärkter Thermoplaste auch aus material-ökonomischen Gründen anzustreben; immerhin würde bei *konstruktivem* Einsatz der Aufwand an Thermoplasten zugunsten anorganischer Faserstoffe auf *weniger als die Hälfte* reduziert.

Die Ursache für die z. Z. vergleichsweise hohen Kosten verstärkter Thermoplaste liegt in erster Linie in den hohen Kosten für die eingesetzte Glasseide begründet. Der Einsatz kostengünstigerer anderer Faserstoffe, wie er im vorigen Abschnitt angesprochen wurde, könnte auf der Grundlage dementsprechend gestalteter Compoundierungsprozesse durchaus zu einem Eigenschafts/Kosten-

Einsatzgebiet	Einsatzbeispiel	Werkstoff (glasfaserverst.)
Elektrotechnik	Magnetbandspulen Spulenkörper	PS, SAN, ABS
	Elektroden	SAN
	Relais, Kontaktleisten, -klemmen und -stecker	SAN, PA, PC, PPO
	Gehäuse und Verkleidungen für elektrische Geräte	SAN, PS, ABS, PP, PA, PC, Celluloseester, PPO, Polysulfon
	Widerstandskerne	PA
	Isolationselemente	PPO, PE
Maschinen- und Automobilbau	Halbzeuge: Rohre, Fittings, Platten	PE, PP, PVC
	Armaturenteile Griffelemente	PS, SAN
	Radkappen	ABS
	Abdeckhauben, Spritzbleche, Motorhauben	PP, PA, PC
	Verkleidungen, Gehäuse	PS, PA, ABS, PP, PC, PE, POM
	Lüfterräder, Laufräder	POM, PA, PP
	Pumpenteile	PE, POM, PPO, PC
	Industriefilter	PA, PPO
	Gebläse	PE, PA, PC, PP
	Zahnräder, Schaltkurvensätze	PA, PUR, PPO, POM
	Gleitlager, Seilrollen	PA, PUR
	Schutzhelme	PE, PP
	Kamerateile, Telefone u. a.	PS, SAN, ABS

Abb. 9 Anwendungsbeispiele verstärkter Thermoplaste (nach [2])

Verhältnis verstärkter Thermoplaste führen, welches ihren Einsatz auch aus materialökonomischer Sicht fördert.

Insgesamt werden mit der Weiterentwicklung der verstärkten Thermoplaste, ihrer Herstellungs- und Verarbeitungsprozesse und der Erweiterung der Einsatzgebiete in zunehmendem Maße Möglichkeiten zur Verringerung des spezifischen Einsatzes organischer Werkstoffe bei gleichzeitiger Verbesserung der Gebrauchseigenschaften erschlossen.

Literatur

[1] Flemming, F.: „Beitrag zur Entwicklung und Berechnung faserverstärkter Plaste unter besonderer Berücksichtigung glasfaserverstärkter Thermoplaste“, Diss.-Schrift, Merseburg 1970.

[2] Höninger, H.: „Glasfaserverstärkte Thermoplaste“, IFL-Mitteilungen 11 (1972) 2, S. 33—41.

[3] Höninger, H.: „Eigenschaftsverbesserungen durch Kurzglasfasern in Thermoplasten“, IFL-Mitteilungen 16 (1977) 6 (in Vorbereitung).

[4] Krenchel, H.: „Fibre Reinforcement“, Akademisk Forlag, Copenhagen 1964.

[5] Barthel, R., Gocke, H., Flemming, F.: „A-Glasfaserverstärkung von Polyamid“, Plaste u. Kautschuk 14 (1967) 7, S. 479—482; Barthel, R., Gocke, H., Flemming, F.: „Der Einfluß von Feuchtigkeit und Wärme auf die Eigenschaften von Polyamid 6 mit Verstärkung durch Alkali- und E-Glasfasern“, Plaste und Kautschuk 15 (1968) H. 4, S. 264—267.

[6] Gähde, J.: „Zur Bildung und Rolle der Phasengrenzschicht bei der Verstärkung von Polymeren“, Plaste und Kautschuk 22 (1975) S. 626—629.

[7] Carius, H.-E., Lüders, G., Jahn, H.: „Einige Besonderheiten des Zusammenhanges zwischen Struktur und Eigenschaften bei PE-HD-Verbunden“, Vortrag zur Tagung Verstärkte Plaste 1976, Dresden.

[8] DOS 2 300 368

[9] DBP 1 964 538

[10] Englehardt, I. T., 22. SPI Conference (1967), Sect. 10-EE.

[11] Wood, St.: „Finally RTP's are on the move“, Mod. Plastics 47 (1970) H. 5, S. 54—58.

Gottfried Wiedemann

Möglichkeiten des Einsatzes von Glasseide im Textilverbundbau

Neben technologischen Problemen der Chemiefaserstoffherstellung befassen wir uns am Institut für Technologie der Fasern Dresden mit Fragestellungen der Faserstoffmodifizierung und Veredlung, wozu auch Aspekte

- der Wechselwirkung zwischen Faserstoff und Polymer als Modifizierungsmittel
- der Charakterisierung und Eigenschaftsermittlung und
- der chemischen Technologie

gehören.

Es wurde vor einiger Zeit ein präzisierter Vertrag zwischen dem Präsidenten der Akademie der Wissenschaften der DDR und dem Präsidenten der Bauakademie der DDR abgeschlossen, und hieraus resultieren dann Arbeitsvorstellungen und -programme, in welchen Richtungen Beiträge zur Erhöhung der Leistungsfähigkeit unserer Bauwirtschaft erbracht werden können.

Die heute vorzutragenden Gedanken sind dieser gemeinsamen Basis zuzuordnen; es entstand auf der Grundlage von Koordinierungsvereinbarungen eine Zusammenarbeit zwischen dem Institut für Industriebau und in letzter Zeit auch mit dem Institut für landwirtschaftliches Bauwesen der Bauakademie der DDR und dem Institut für Technologie der Fasern der Akademie der Wissenschaften der DDR, um die Tragfähigkeit des Einsatzes neuer einheimischer Faserstoffe, insbesondere Glasseiden, für den Textilverbundbau zu prüfen und gemeinsame Forschungsarbeiten in dieser Richtung aufzunehmen.

Im Rahmen des vorliegenden Themas soll im ersten Abschnitt auf einige Anwendungsaspekte des Textilverbundbaues in der DDR eingegangen werden, wobei internationale Tendenzen ebenfalls kurz behandelt werden. Die Ausführungen hierzu stützen sich auf Studien und Entwicklungsvorhaben.

Im zweiten Abschnitt sollen einige wichtige Fragen der stofflichen Seite des Textilverbundbaues herausgestellt werden. Es wird insbesondere auf einige Eigenschaften beschichteter Glasseidenflächengebilde eingegangen, wobei Wert auf Vergleiche mit organischen Chemieseiden gelegt wird.

Im dritten Abschnitt sollen Vorstellungen entwickelt werden, ob, auf welche Weise und unter welchen Vorausetzungen beschichtete Glasseidenflächengebilde im Textilverbundbau perspektivisch eingesetzt werden können.

Wenden wir uns der ersten Fragestellung zu.

Die volkswirtschaftliche Aufgabe des Bauwesens besteht in der ständigen Erhöhung der Leistungsfähigkeit bei gleichzeitiger Senkung des vergleichbaren Bauaufwandes.

Hierauf wies der Generalsekretär des ZK der SED eindringlich hin, als er die perspektivischen Anforderungen an den Wohnungs- und Industriebau begründete, und es als erstrangiges gesellschaftliches Interesse herausstellte, daß jede Investition mit dem geringsten Bauaufwand durchgeführt wird.

Die vom IX. Parteitag bestätigte Direktive zur Entwicklung der Volkswirtschaft präzisiert die hohen Anforderungen und stellt für die Grundlagenforschung den Schwerpunkt heraus, durch gezielte Anwendung von Erkenntnissen über die Beziehungen zwischen Struktur, Herstellung und Eigenschaften von Stoffen neue und verbesserte Massen- und Spezialwerkstoffe sowie Baustoffe zu entwickeln.

Das zeigt die große Bedeutung, die der Entwicklung und weiteren Durchsetzung des ökonomischen Leichtbaues als wesentliche Möglichkeit zur Sicherung dieser Aufgabe zukommt.

Wir können an Hand der geschichtlichen Entwicklung feststellen, daß mit der Entwicklung und Produktion von Syntheseseiden, von Polymeren für die Textilbeschichtung und der Vervollkommnung der Beschichtungstechnologie sowie der Verbindungstechnik von textilen Bahnen, Baukonstruktionen und -technologien angeregt wurden, Leichtbauweisen nach dem Textilverbundprinzip zu entwickeln und in Produktion zu bringen. Dank der Arbeiten einiger Institute der Bauakademie und der VVB sowie des WTZ Technische Textilien konnten wir in der DDR dem Trend in fortgeschrittteneu Staaten folgen.

Der derzeitige Produktionsumfang beträgt bei uns etwa 160 Tm^2/a Textilverbundbau, wobei es sich bis jetzt im Wesentlichen um Traglufthallen für Industrie und Landwirtschaft handelt. International, insbesondere in Ländern mit umfangreichen Erfahrungen im Textilverbundbau, wie Japan, USA und BRD, werden überwiegend PVC-beschichtete hochfeste Polyesterseidengewebe eingesetzt. In der DDR gelangen z. Z. PVC-beschichtete Polyamidseidennähgewirke zum Einsatz, in jüngster Zeit auch Polyesterseidencorde, verarbeitet zu Nähgewirken nach der Malimotechnologie.

Bedingt durch die Alterungsneigung der PVC-Beschichtung rechnet man heute mit Standzeiten von 5 bis 7 Jahren, max. 10 Jahren, wobei allerdings mit Repräsentationsverlusten ab 2 bis 3 Jahren infolge des hohen Verschmutzungsgrades und der ungenügenden Abreinigung gerechnet werden muß.

Trägergewebe aus Glasseide sind in den USA seit etwa 2 Jahren im Gespräch und in ersten Anwendungen.

Bei Beschichtungsmaterialien tendiert man bei Experimenten und militärischen Sonderbauten zu Fluorelastomeren und chlorsulfoniertem Polyäthylen und erwartet Standzeiten von 10 bis 15 Jahren.

Die Konstruktionssysteme unterscheiden sich in funktioneller Hinsicht dadurch, daß sie unterschiedliche Eignung zur Bildung von Gebäudeteilen (Dächer, Wände) oder ganzen Bauwerken (Hallen) aufweisen, siehe hierzu die Abb. 1.

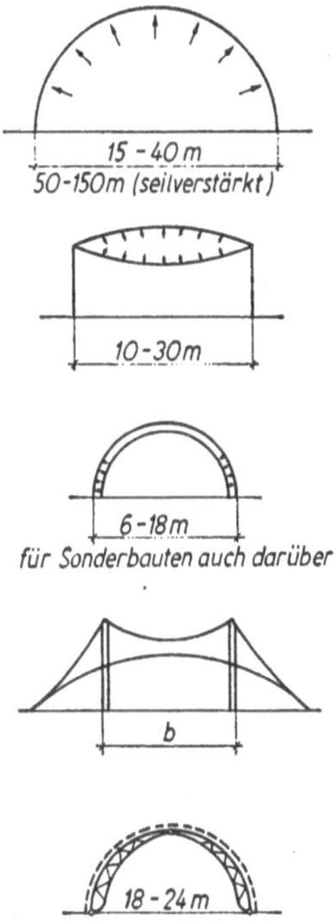

Abb. 1 Konstruktionssysteme des Textilverbundbaus

Die pneumatisch stabilisierten Konstruktionssysteme verwenden Luft als Traggerüst. Die bekanntesten Systeme sind Traglufthallen. Sie erfordern — bedingt durch die pneumatische Stabilisierung — die allseitig geschlossene Hülle und eine ständige Wartung, wie Lüfteraggregate, Energieaufwand. Die Gebäudebegehung ist an Schleusen gebunden.

Tragluftkissen eignen sich vorzugsweise für Dachsegmente, weniger zur Bildung kompletter Gebäude, sie erfordern ebenfalls laufende Betriebskosten.

Stützschlauchkonstruktionen benötigen zu ihrer Stabilisierung im Vergleich zu Traglufthallen einen 100fachen Überdruck, woraus sich erheblich höhere Anforderungen an die Materialfestigkeit, die Planenverbindung und die Dichtigkeit der Hülle ergeben.

Formstabilisierte Textilverbundbauten erfordern keine ständige Wartung. Die Gebäudeerschließung unterliegt keinen Einschränkungen. Dabei bieten sich Tonnenzelte auf Grund ihrer Geometrie zur Schaffung geschlossener Hüllen an.

In der DDR liegt bei pneumatischen Konstruktionen mit Traglufthallen ein guter Entwicklungsstand vor. 1974 wurde die 500. Halle fertiggestellt, das sind 500 Tm² überdachte Fläche in 5 Jahren. Die Serienfertigung anderer textiler Konstruktionsformen wurde bisher noch nicht aufgenommen.

Während international der Anteil der Traglufthallen am Gesamtumfang des Textilverbundbaues etwa 50 bis 60% beträgt, liegt er in der DDR derzeit über 95%.

Zur stofflichen Seite des Problems:

Wenn im Rahmen der Verbundwerkstofftechnik der Begriff „Glasseide" fällt, so wird im allgemeinen an glasseidenverstärkte Duro- und Thermoplaste gedacht, die als zug-, biege- und druckbeanspruchbare Werkstoffe in vielen Sektoren der Wirtschaft eine bedeutungsvolle Rolle spielen. Glasseidenerzeugnisse können aber auch als Verstärkungen für Weichplaste Einsatz finden. Sie sind alternativ zu organischen Faserstoffen, insbesondere Syntheseseiden, in der Lage, die Zugbelastbarkeit, Dehnsteifigkeit und Schlagzähigkeit sowie die Einreiß-, Ausreiß- und Weiterreißfestigkeit hochflexibler Plaste zum Teil beträchtlich zu verbessern. In Form von weichplast- bzw. elastbeschichteten Glasseidenflächengebilden kommt diese Gruppe organisch-anorganischer Verbundwerkstoffe dem Anliegen des Textilverbundbaues nahe.

Unter dem letztgenannten Zielsetzungsaspekt befassen sich unsere Ausführungen mit potentiellen Möglichkeiten beschichteter Glasseidenerzeugnisse; der Zusatz „potentiell" wird deshalb verwendet, da rechnerisch-analytisch die Verstärkerwirkung der Glasseide in Weichplastwerkstoffen noch nicht hinreichend erfaßt werden kann und anwendungstechnisch, z. B. für flexible Bauhüllen, noch keine vorgezeichneten Wege abgesteckt sind bzw. größere Erfahrungen vorliegen.

Als Beschichtungsträger sind in Betracht zu ziehen

1. Gewebe, hergestellt aus Zwirnen oder Twisten (Abb. 2)
2. Gewebe aus Rovings (Abb. 3)
3. Flächengebilde nach neuen DDR-Textiltechnologien, z. B der Malitechnik.

Abb. 4 zeigt die Konstruktion hierzu. Die Längs- und Querfadensysteme können dabei aus Spinnfäden (Abb. 5) oder aus Rovings bestehen (Abb. 6). Das Nähfadensystem besteht aus Fäden hoher Feinheit aus organischen oder anorganischen Faserstoffen.

Die Produktionsaufwendungen sind bei der Glasseide wie auch bei den organischen Fäden entsprechend der verfahrenstechnischen Schritte von der Feinheit und dem Verarbeitungsgrad der Fäden abhängig. Es wird ein Bereich von etwa 1 : 8 überstrichen. Hierzu ist aus Abb. 7 zu ersehen:

- Je feiner die Spinnfäden sind, desto teurer sind sie,
- schutzgedrehte Glasseiden (Twiste) sind billiger als Zwirne,
- bei gleicher Feinheit sind die Fäden aufwendiger, die aus dünneren Elementarfäden bestehen.

Abb. 2 Glasseiden-Zwirngewebe

Abb. 3 Glasseiden-Rovinggewebe

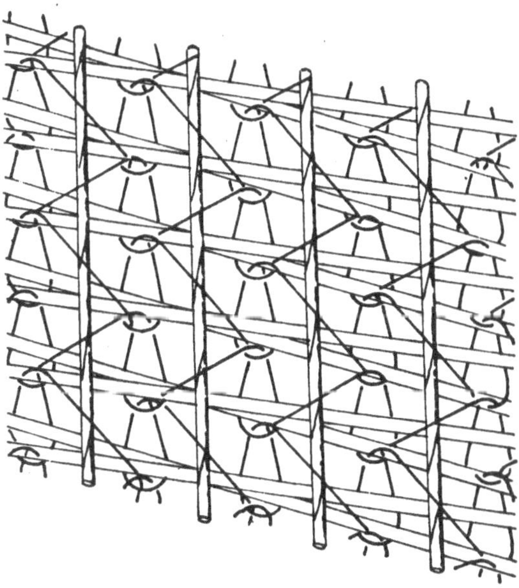

Abb. 4 Konstruktion eines Malimo-Flächengebildes

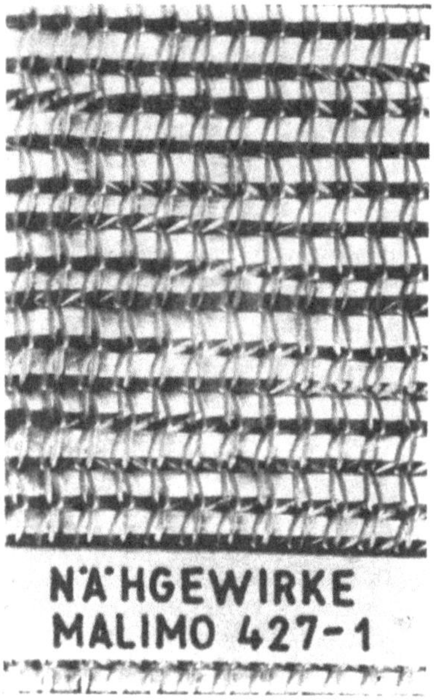

Abb. 5

Abb. 6

Abb. 5 Malimo-Nähgewirke aus Glasseidenspinnfäden
Abb. 6 Malimo-Nähgewirke aus Rovings

Diese Abhängigkeiten spiegeln sich auch in den Aufwendungen für die Gewebeherstellung wider (Abb. 8).

Hieraus läßt sich folgendes erkennen:

- Je geringer die Flächenmasse ist, desto höher ist der Arbeitsaufwand pro kg,
- Gewebe aus schutzgedrehter Glasseide (Twist) sind weniger aufwendig als solche aus Zwirnen,
- Roving-Gewebe sind die billigsten gewebten Verstärkungsmaterialien und dürften sich mit Malierzeugnissen auf Roving-Basis die Waage halten,
- den geringsten Arbeitsaufwand ergeben Malierzeugnisse aus Spinnfäden, weshalb bei den künftigen Entwicklungsarbeiten auf diese orientiert wird.

Bekanntlich sind nicht nur Metalle und organische Polymere, sondern auch anorganische Festkörper in Fadenform um eine bis mehrere Größenordnungen fester als in kompakter Form, wobei die Festigkeit in der Regel mit zunehmender Feinheit steigt. Aus den Angaben in Abb. 9 kann abgeleitet werden, daß Glasseide gegenüber Syntheseseiden wesentlich gesteigerte Zugfestigkeiten und E-Moduln aufweisen, andererseits stark verminderte Bruchdehnungen. Die vorliegenden Angaben geben ferner Aufschluß über die verminderten Substanzausnutzungsgrade, sofern die Fadengebilde miteinander verzwirnt bzw. zu Geweben verarbeitet werden:

$$\Sigma \sigma_B \text{ Elementarfäden} > \sigma_B \text{ Zwirn}$$
$$\Sigma \sigma_B \text{ Zwirn} > \sigma_B \text{ Gewebe}$$

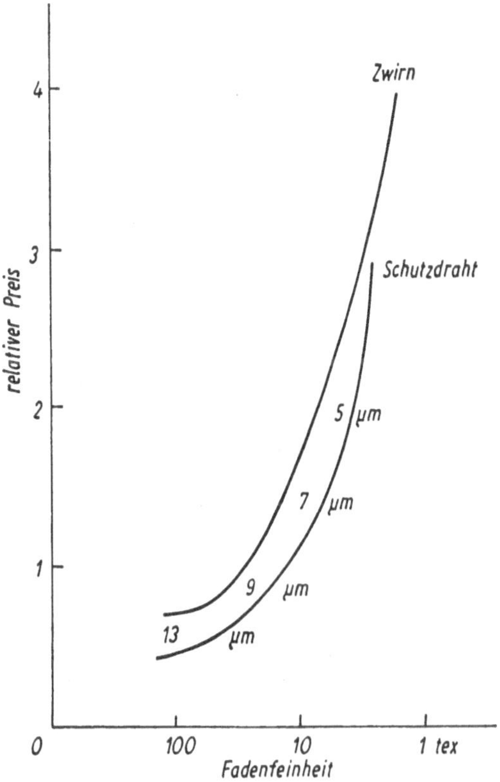

Abb. 7 Herstellungsaufwand von Glasseidenfäden in Abhängigkeit von der Feinheit für verschiedene Elementarfadendurchmesser

Das heißt also, wir können nicht mit der Festigkeit eines Elementarfadens bzw. einer hieraus ermittelten Festigkeitssumme rechnen, es sind mit steigendem Verarbeitungsgrad verringerte Substanzausnutzungen in Betracht zu ziehen.

Die vergleichende Übersicht in Abb. 10 zum Zugspannungs-Dehnungs-Verhalten der wichtigsten Chemieseiden zeigt einen steilen und linearen Verlauf für Glasseide (Bruchdehnung bei 3%) und die hiervon abweichende Charakteristik für hochfeste organische Seiden vom Typ Polyester (Bruchdehnung 8 bis 12%), Polyamid (Bruchdehnung 10 bis 20%) und Polyacrylnitril (Bruchdehnung um 25%).

In Abb. 11 wurde der Elastizitätsgrad bei Zugbeanspruchungen, d. h. das Verhältnis der elastischen zur Gesamtdehnung, über der Belastung dargestellt. Man erkennt hieraus das hohe elastische Verhalten der Glasseide bei steigenden Zugbelastungen, andererseits das Auftreten plastischer Verformungen bei Synthese-

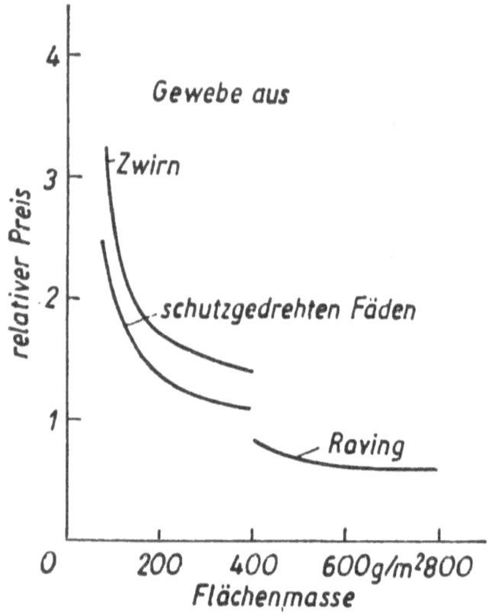

Abb. 8 Herstellungsaufwand von Glasseidengeweben in Abhängigkeit von der Flächenmasse und der Fadenart (Elementarfadendurchmesser jeweils 9 bzw. 10 µm)

Faserstoff		Zugfestigkeit trocken kp/mm²	naß (rel.) %	Reißdehnung trocken %	naß %
Viskose	normal	32 ... 37	50 ... 60	15 ... 23	20 ... 28
	hochfest	45 ... 62	70 ... 80	20 ... 23	25 ... 30
Polyamid	normal	45 ... 60	85 ... 90	25 ... 40	30 ... 40
	hochfest	75 ... 85	85 ... 90	15 ... 20	20 ... 25
Polyester	normal	55 ... 62	100	20 ... 35	20 ... 35
	hochfest	75 ... 95	100	11 ... 13	11 ... 13
Glas	El-Fdn 5 µm ⌀	250 ... 300			
	7 µm ⌀	175 ... 215	90 ... 100	2,5 ... 3,5	2,5 ... 3,5
	9 µm ⌀	125 ... 175			
	Zwirn 7 ... 9 µm ⌀	90 ... 140			
	Twist 7 ... 9 µm ⌀	120 ... 160			

Abb. 9 Einige Eigenschaften von Chemieseiden

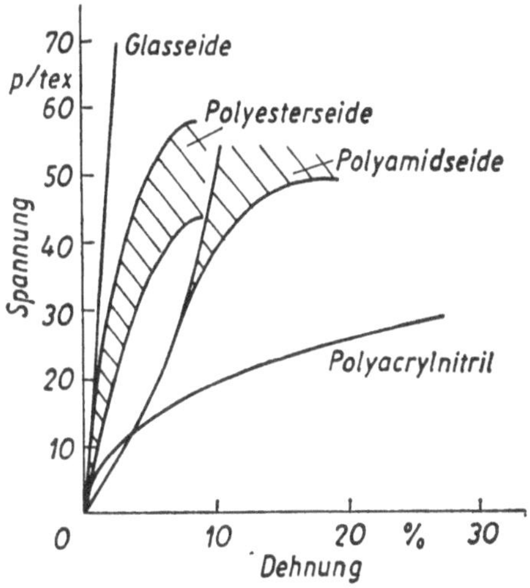

Abb. 10 Zum Zugspannungs-Dehnungs-Verhalten wichtiger Chemieseiden

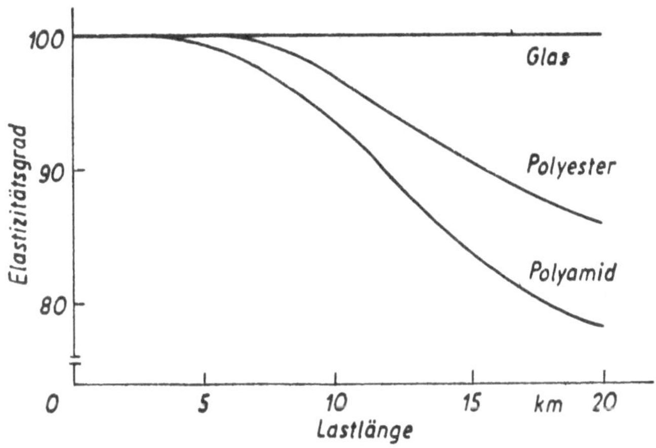

Abb. 11 Elastizitätsgrad in Abhängigkeit von der Lastlänge

seiden. Diese sind bei Polyesterseiden geringer als bei Polyamidseiden; sie treten bei höherer Zugbelastung ausgeprägt in Erscheinung.

Diese Materialeigenschaften werden durch „Gestalt"einflüsse modifiziert, wenn man nicht wie soeben die Chemieseiden, sondern die aus ihnen hergestellten Flächengebilde betrachtet.

In Abb. 12 wurde der Zugspannungs-Dehnungs-Verlauf für Roving- und Twistgewebe dargestellt. Der leicht gekrümmte Anfangsverlauf der Kurven weist auf Verschiebungen im Gewebeverband hin, deren Ursache das Strecken der im Flächengebilde infolge der Verkreuzungstechnik gewellt liegenden Fadengebilde ist. Sind nach Durchfahren des geringen Belastungsbereichs die Fadenwellungen aufgehoben, so ist das Spannungs-Längenänderungsverhalten linear. Günstiger verhalten sich in dieser Hinsicht Flächengebilde nach der Malitechnik.

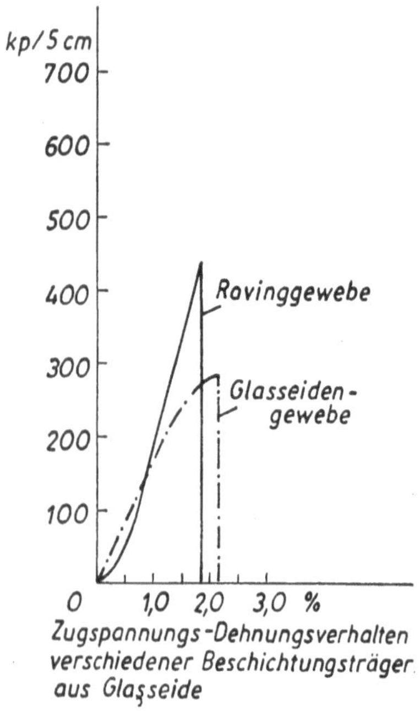

Abb. 12 Zugspannungs-Dehnungs-Verhalten von Beschichtungsträgern aus Glasseide

Man erreicht hierbei eine gestreckte Lage der tragenden Fäden, sofern der Nähfadenanteil gering gehalten und in hoher Feinheit gewählt wird.

Diese Gewebeeigenschaft spiegelt sich auch bei der Untersuchung des Elastizitätsgrades über steigenden Laststufen wider (Abb. 13). Nicht vorbeanspruchte Gewebe tendieren erst bei höheren Belastungsstufen zur Vollelastizität. Unter dem Einfluß steigender Vorbeanspruchungen werden die plastischen Verformungen immer geringer.

Für die Materialbeurteilung bei Belastung ist ferner das Relaxations- bzw. Retardationsverhalten bedeutungsvoll.

Abb. 14 zeigt Retardationskurven für Polyamid-, Polyester- und Glasseidengewebe für verschiedene Belastungen, und zwar 5, 10 und 20 kp/mm^2 bezogen auf den tragenden Substanzquerschnitt. Es wurden die Werte für die gesamte

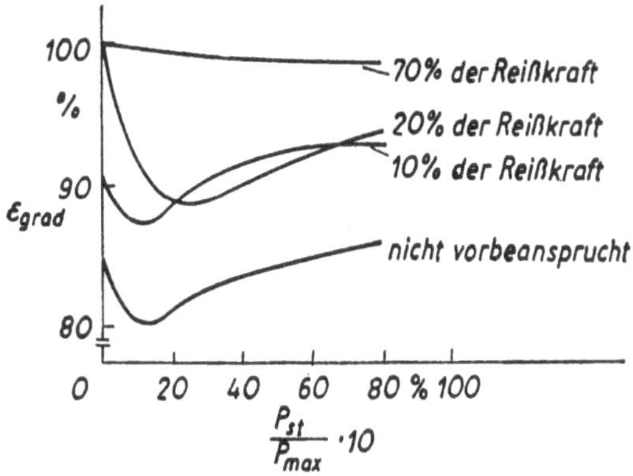

Abb. 13 Elastizitätsgrad von Glasseidengeweben in Abhängigkeit von der Vorbeanspruchung

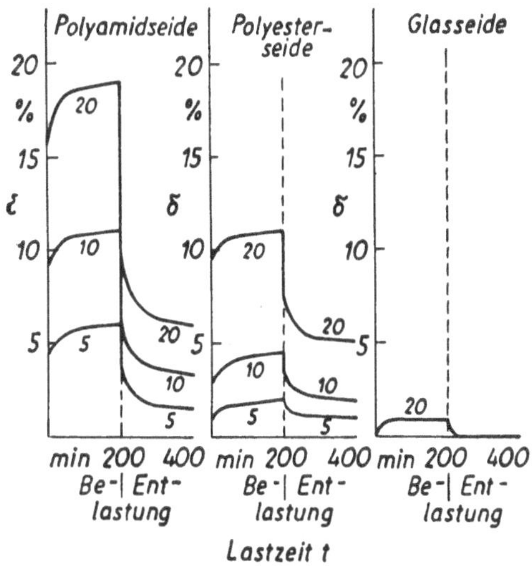

Abb. 14 Retardationskurven verschiedener Chemieseiden bei Laststufen
$\sigma_1 = 5\ \text{kp/mm}^2$
$\sigma_2 = 10\ \text{kp/mm}^2$
$\sigma_3 = 20\ \text{kp/mm}^2$

Längenänderung über der Lastzeit, und zwar gegliedert in die Be- und Entlastungsphase von je 20 min, aufgetragen. Der jeweils erste Kurvenabschnitt stellt die Kriechkurve, der jeweils zweite die Erholungskurve dar.

Aus diesen Untersuchungen folgt, daß sich wesentlich niedrigere verzögerte Nachdehnungen bei Polyesterseiden gegenüber Polyamidseiden ergaben. Für die

Glasseide ist zu folgern, daß kein Kriechen für die hier gewählte Maximalbelastung auftritt: Die Erholungskurven zeigen, daß der Dehnungsrückgang vollständig ist.

Weitere Untersuchungen der Längung unter Dauerlast bei beschichteten Geweben ergaben folgende Erkenntnisse:

1. Die Längenänderung der in Längsrichtung der Flächengebilde belasteten Proben ist im allgemeinen deutlich niedriger als in Querrichtung. Ein wesentlicher Grund dafür ist in der Längsvorbeanspruchung bei der Herstellung und der Beschichtung der Flächengebilde zu sehen.

2. Im 1000-h-Versuch — bei einem Drittel der Bruchlast durchgeführt — zeigten beschichtete Glasseidengewebe eine Dehnung von 3%, Polyesterseidengewebe Werte von 7%, Polyamidseidengewebe von 14%.

Wir müssen feststellen, daß dieses Gebiet noch wenig experimentell durchdrungen ist, es fehlen uns umfassende Kennwerte für die textilkonstruktive Druchdringung und die bautechnische Erfassung. Systematische Versuche zur Ermittlung der Restfestigkeiten bei Belastung am Wetter stehen ebenfalls noch aus.

Im technischen Einsatz unterliegen die Flächengebilde einem mehrachsigen Spannungszustand. Prüfmethoden bei technischen Textilien sind in dieser Beziehung unterentwickelt; über erste Ansätze ist man bisher nicht hinausgekommen.

Auf die Beschichtungsmaterialien, die für die Funktionssicherheit und Lebensdauer dieser organisch-anorganischen Verbunde von wesentlicher Bedeutung sind, soll nun kurz eingegangen werden.

Anhand des Überblicks, in Abb. 15 dargestellt, wurden für einige Schichtwerkstoffgattungen wesentliche, graduell eingeteilte Eigenschaftsmerkmale angegeben. Hieraus sind einige grobe Einschätzungen möglich. Anwendungsgrenztemperaturen, Wetterbeständigkeit und Nichtentflammbarkeit betrachtet, dürften neben dem klassischen Lösungsweg auf der Basis PVC in der Perspektive Chloroprene, chlorsulfoniertes Polyäthylen und Fluorelastomere in Betracht gezogen werden. Für die Gegenwart ist die umfassende großtechnische Anwendbarkeit noch nicht gegeben, außerdem steigt der Herstellungsaufwand in der genannten Reihenfolge z. T. beträchtlich, etwa im Verhältnis 1 : 5 : 10. Lebensdauerbezogene Aufwendungen hierfür, die bisher noch nicht berechnet werden konnten, werden erst eine eindeutige Aussage zulassen.

Gegenüber dem optimal compoundierten PVC dürften dann auch neue Probleme einer ökonomischen Materialverwendung zu durchdenken sein. Es ist in nächster Zukunft nicht zu erwarten, daß bei einem umfangreichen Einsatz beschichteter Textilien für flexible Bauhüllen PVC aus der dominierenden Stellung verdrängt wird.

PVC-beschichtete Glasseidengewebe haben wir seit 5 Jahren auf dem Wetterstand. Es zeigt sich nach dieser Zeit, daß die Werte für die Reißkraft und die Dauerbiegefestigkeit nicht abgefallen sind. Bei Polyamidseiden-Verstärkungen

Eigenschaftsmerkmal		Naturkautschuk	Butadien-Styrol-Kautschuk	Butadien-Acrylnitril-Kautschuk	Chloroprene	Chlorsulf. Polyäthylen	Polyurethan	Silicon-Kautschuk	PTFE	PVC	Polyäthylen	Polyamid	Fluorelastomere	APT – Kautschuk
		Beschichtungswerkstoff												
Grenztemperatur ° C	+	60	75	85	> 100	100	100	200	300	60–70		90	180	
Grenztemperatur ° C	–	30	25	25	25	40	25	60	150	15			40	
Wetterbeständigkeit		–	○	+/○	+	+	○	○	+	+/○	–	○	+	+
Nichtentflammbarkeit		–	○	○	+	+	○/–	○/–	+	+/○	–/○	○/–	+	○/–
Beständigkeiten														
schwache Säure		+	+	+	+	+	○	○	+	+	+	–	+	
starke Säure		–	+/○	+	+	○	–	○	+	○	+	–	+	
schwache Alkalie		+	+	+	+	+	○	+	+	+	+	+	+	
starke Alkalie		+	○	+	○	+	–	+	+	+	+	–/○	+	
Benzol		–	–	–	–	–	○	–	+	–	○	+	+	
Benzin		–	–	○	○	–	+	–	+	○	○	+	+	
Mineralöl		–	–	+	+	○	+	–	+	○	–	+	+	

+ gut; ○ bedingt/mäßig; – nicht/schlecht

Abb. 15 Einige Eigenschaften von Beschichtungsmaterialien

haben wir unter vergleichbaren Wetterbedingungen einen Abfall von 30% gemessen. Allerdings besitzen diese Wertangaben noch keine zu Folgerungen berechtigende Wirkung, da die eingesetzten Flächengebilde hinsichtlich des Festigkeits-Flächenmasseverhältnisses und in Abstimmung mit dem erforderlichen Flächenbedeckungsgrad durch die Fäden nicht optimiert waren.

Zu vermerken ist auch, daß besonders wetterbeständige Schlußstriche bei der Beschichtung bislang noch nicht untersucht worden sind.

Textilverbundwerkstoffe besitzen auf Grund der Feinheit der Fäden außerordentlich große innere Oberflächen, die größenordnungsmäßig 100 m^2/kg Werkstoff betragen. Einige Autoren sprechen deshalb auch von 3-phasigen Systemen bzw. Dreikomponentwerkstoffen und drücken damit aus, daß von der Gestaltung der Grenzflächen zwischen Textilverstärkung und Polymerbeschichtung im hohen Maße die Verbundwerkstoffeigenschaften abhängen. Eine geschlossene Theorie der Faserstoff-Polymer-Bindung gibt es bis heute nicht; tragfähige Arbeitshypothesen reichen von rein physikalischen Begründungen (Benetzung, Reibungsvergrößerung) über physikalisch-chemische (Adsorptionsverhalten) bis zu chemischen Bezugnahmen (Ausbildung chemischer Bindungen).

Aufgabe der textilen Veredlung und der Beschichtungsmittelentwicklung ist es hierbei, optimale Haftungsverhältnisse zu schaffen, die z. B. ausreichende Trennlasten zwischen Schichtträger und Beschichtung bewirken. Die Forschungs- und Entwicklungsarbeiten hierzu können heute nicht als abgeschlossen betrachtet werden; der bisherige Stand stützt sich auf Lösungswege, die einerseits ausgehen von bifunktionellen chemischen Verbindungen, vorzugsweise organofunktionellen Silanen, mit denen die Schichtträger veredelt werden, andererseits Isocyanate verwenden; mit letzteren werden die PVC-Beschichtungsmassen modifiziert. Im Rahmen unserer Arbeiten stellte es sich heraus, daß Kombinationen beider Wege zu anwendungstechnisch verwertbaren Lösungen führen können.

Abb. 16 zeigt die Trennlasten PVC-beschichteter Glasseidengewebe unter Variierung der Grenzflächengestaltung. Es ist ersichtlich, daß die vom GFP-Einsatz her bekannten Silane — für sich allein angewendet — praktisch keine Ver-

Grenzflächenzustand Glasseidengewebe-PVC-Beschichtung		Trennlast kp/5 cm Streifenbreite
Textilveredlung	Haftmittelzusatz zur Beschichtungspaste	
ohne	ohne	2,0
Silan	ohne	2,0
ohne	Dimer. Diisozyanat	> 7
Silan	Dimer. Diisozyanat	14,0

Abb. 16 Haftfestigkeit Glasseidengewebe — PVC-Beschichtung

besserungen erbringen. Isocyanat- und polyester-modifizierte Beschichtungsmassen zeigen beträchtliche Steigerungen, die aber durch die kombinierte Anwendung der Textilveredlung und der PVC-Modifizierung noch erheblich übertroffen werden. Die hierbei erzielten Trennlasten liegen im Kennwertbereich beschichteter Polyamid- bzw. Polyesterseidengewebe und übertreffen diese teilweise.

Glasseidenfäden und -flächengebilde weisen im Ausgangszustand eine wesentlich geringere Biegebeständigkeit auch bei Dauerbeanspruchungen auf als Syntheseseiden. Es ist jedoch bekannt, daß durch filmartige Überzüge der Sensibilität der Glasseidenoberfläche entgegengewirkt werden kann. Das zeigt sich auch im Falle PVC-beschichteter Glasseidengewebe.

Unter Anwendung einer für textile Dauerbiegeversuche beträchtlichen Vorlast und eines Biegewinkels von 2 × 90° zeigen die Versuchsergebnisse in Abb. 17, daß die Werte für das Glasseidengewebe imAusgangszustand durch die Beschichtung ganz wesentlich angehoben wurden. Es ist zu erwarten, daß bei Anwendung plastummantelter Fäden die Dauerbiegeeigenschaften noch weiter verbessert werden können.

Gewebe		Dauerbiegungen DB Kette	Dauerbiegungen DB Schuß
Glasseidengewebe	unbeschichtet	4	2
	beschichtet (PVC)	6 300	4 100
Rovinggewebe	beschichtet (PVC)	7 400	2 800

Abb. 17 Dauerbiegefestigkeit von Glasseidengeweben,
Vorlast: 5 kp/3 cm Streifenbreite
Biegewinkel: 2×90°

Bezüglich der erzielbaren Zugfestigkeiten ist zu sagen, daß sich mit Spinnfadennähgewirken um 350 g/m² Werte von etwa 300 kp/5 cm Streifenbreite erreichen lassen. Steigerungen bis auf 800 kp/5 cm sind möglich, und zwar unter Einsatz von Flächengebilden auf Roving-Basis, wobei aber eine — die Konfektionierung und die Montage behindernde — beträchtliche Zunahme der Flächenmasse in Kauf genommen werden muß. Zur Zeit sind Arbeiten im Gange, solche Mali-Flächengebilde in Versuchsproduktion zu bringen, die eine Festigkeit von etwa 300 kp/5 cm bei minimaler Gesamtflächenmasse von etwa 750 g/m² aufweisen. Zunächst problematisch waren die Ein-, Weiter- und Ausreißfestigkeiten, die bislang bei PVC-beschichteten Glasseidengeweben erzielt wurden (Abb. 18).

Auf Grund der geringen Dehnfähigkeit kam es nicht, wie im Falle von Syntheseseidengeweben, zu einem gleichsam kollektiven Widerstand beanspruchter

Gewebetyp	Flächenmasse (g/m²) unb./beschichtet	Haftvermittler	„Flügel"-Weiterreißkraft (kp) Kette	Schuß
Glasseidengewebe aus Zwirnen	80/370	ohne	1,3	0,9
		mit	2,0	1,1
Glasseidengewebe aus Fäden mit Schutzdraht	163/450	ohne	1,9	1,0
		mit	3,5	1,1
	285/775	mit	4,7	3,7
	420/1075	mit	11,2	4,0
Rovinggewebe	900/1480	mit	21,3	18,3

Abb. 18 Weiterreißfestigkeit beschichteter Glasseidengewebe

Fadenscharen, sondern vorzugsweise zu einer Einzelfadenbeanspruchung. Zwirngewebe in Leinwandbindung zeigten eine besonders geringe Weiterreißkraft. Durch variierte Textilkonstruktion, insbesondere in Richtung auf Twiste, Roving-Einsatz und Spinnfaden-Malinähgewirke lassen sich Kennwerte erzielen, die im Bereiche von Polyamidseiden-Nähgewirken liegen.

Einen Eindruck vom derzeitigen Entwicklungsstand vermittelt die Abb. 19. Beschichtete Nähgewirke auf Glasseidenbasis (Spinnfaden) werden mit Polyamid- und Polyesterseiden-Nähgewirken verglichen.

Durch Kombination von Glasseiden mit organischen Seiden lassen sich Zugspannungs-Dehnungs-Verläufe erzielen, die zwischen denen der Glasseide und der organischen Komponente liegen (Abb. 20). Es kann bei entsprechender Aufbauvariation der organisch-anorganischen Fadenverbunde angenommen werden, daß diese dem Anliegen des TVB nahekommen. Wir stellten ferner fest, daß bei anorganisch-organischen Mischflächengebilden die organische Komponente eine „Rißstoppfunktion" übernimmt. Weitere Studien hierzu müssen zeigen, ob sich dieser Weg als tragfähig erweist.

Die hier kurz dargestellten Besonderheiten der Eigenschaften beschichteter Glasseidenflächengebilde werden von konventionellen Richtlinien abweichende Lösungen insbesondere bei der Krafteinleitung in die Flächengebilde notwendig machen, die eine tiefergehende bauphysikalische und konstruktive Durchdringung erfordert. Dabei kann bereits jetzt eingeschätzt werden, daß punktförmige Krafteinleitungen problematisch sein dürften.

Unter diesen Bedingungen wird es für möglich gehalten, daß beschichtete Glasseidenflächengebilde dann Einsatzvorteile erwarten lassen, wenn

- die Formstabilität eine wesentliche Rolle spielt, hier besteht auch der größte Nachholebedarf beim Textilverbundbau
- Zugbeanspruchungen dominieren

Material Nähgewirke auf Basis	Flächenmasse [g/m²]		Reißkraft [kp/5 cm]		Reißdehnung [%]		Weiterreißkraft [kp][1]		Haftfestigkeit [kp/3 cm]	
	Nähgewirke	beschichtet	quer	längs	längs	quer	längs	quer	längs	quer
Polyamidcordseide	360	880	350	350	10	10	40	25	7	7
Polyestercordseide	450	950	480	480	3	3	125	135	n. e.	n. e.
Glasseidenspinnfaden	416	810	380	410	13	n. e.	60	74	> 11	> 11

[1] nach TGL 16—650 545/04 „Schlitz-Weiterreißversuch"
n. e.: nicht ermittelt

Abb. 19 Vergleichende Übersicht beschichteter Nähgewirke

– vom Verstärkungsmaterial eine hohe Alterungsbeständigkeit und Nichtentflammbarkeit gefordert wird und
– die flexiblen Bauhüllen thermisch beansprucht werden.

Nach weiteren Entwicklungsarbeiten zur Optimierung der Textilkonstruktion in Richtung auf erhöhte dynamische Beanspruchbarkeit und verbesserte Ein-, Weiter- und Ausreißfestigkeit sowie zur Steigerung der Haftfestigkeit werden Experimentalobjekte für erforderlich gehalten, die den potentiellen Einsatz schrittweise absichern.

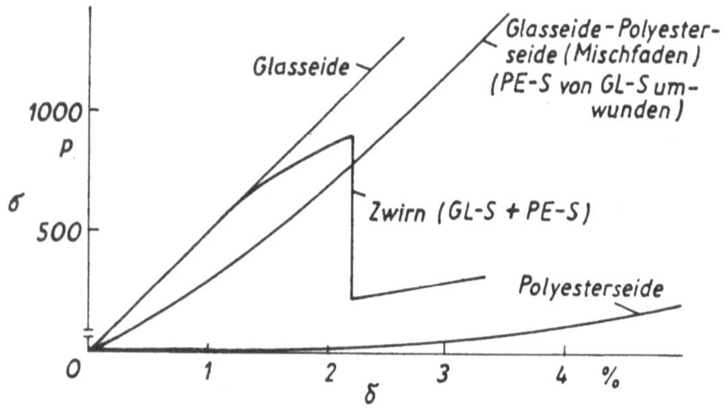

Abb. 20 Zugspannungs-Dehnungs-Verläufe organisch-anorganischer Mischflächengebilde

Für den Einsatz von Glasseiden-Flächengebilden als Beschichtungsträger werden insbesondere *formstabilisierte Textilverbundbauten* ins Auge gefaßt. Sie erfordern, wie bereits eingangs ausgeführt, keine ständige Wartung, die Gebäudeerschließung unterliegt keinen Einschränkungen.

Textilseitig wird an der Optimalgestaltung von Glasseiden-Spinnfaden-Malinähgewirken gearbeitet. Das Konzept sieht vor, in einem 1. Schritt PVC-Beschichtungsmassen in folgenden Richtungen optimal zu compoundieren:

– Für den Einsatzfall Außenbeanspruchung (Bauhüllen) mit den Kriterien Wetterbeständigkeit und Nichtentflammbarkeit
– für den Einsatzfall Innenbeanspruchung (Leichtbau-Trennwände) mit den Kriterien Nichtentflammbarkeit, physiologische Unbedenklichkeit.

In einer 2. Etappe wird dann an Polymervarianten für die Beschichtung zu denken sein, mit höherer Alterungsbeständigkeit und besserer Abreinigungsfähigkeit.

Einen Eindruck vom Aufbau eines ersten Experimentalobjektes unter Verwendung von Glasseidengeweben, allerdings noch auf Roving-Gewebe-Basis als Beschichtungsträger vermitteln die Abb. 21 a, b und c.

Abb. 21a

Abb. 21b

In unseren Ausführungen kam es darauf an, einige Eigenschaften von Glasseide und daraus hergestellten Flächengebilden im unbeschichteten und beschichteten Zustand darzulegen und dabei Probleme herauszuarbeiten. Dabei muß festgestellt werden, daß die Entwicklungsprobleme auf diesem Gebiet bisher noch Studiencharakter trugen.

Abb. 21c

Abb. 21a, 21b, 21c Aufbau einer Tonnenkonstruktion aus PVC-beschichteten Geweben auf Glasseidenbasis

Es bedarf nunmehr zielstrebiger und interdisziplinärer Zusammenarbeit bei der Prüfung des Einsatzes beschichteter Glasseidenflächengebilde und bei der Konzipierung weiterer Studien- und Experimentalobjekte.

FSC
www.fsc.org
MIX
Papier | Fördert
gute Waldnutzung
FSC® C083411

Zeitfracht Medien GmbH
Ferdinand-Jühlke-Straße 7
99095 Erfurt, Deutschland
produktsicherheit@kolibri360.de